文小通　编著

·北　京·

序

二十四节气有“中国的第五大发明”的美誉，2016 年被正式列入联合国教科文组织人类非物质文化遗产代表作名录。它为什么备受重视呢?

因为它是古人创造的一个科学奇迹。在古代，没有望远镜或人造卫星，人们单单凭借肉眼和智慧，发现了一些天体运动的规律，并根据地球绕太阳公转形成的轨迹，把一年分为二十四等份，每一等份为一个节气，从立春开始，到大寒结束，一共有二十四个节气。由于地球绕太阳公转一圈，需三百六十五天，所以，每隔十五天，有一个节气。汉朝时，古人把二十四个节气制定成历法，用来指导农事，预知冷暖雪雨等，今天，它仍在指导我们的生活。

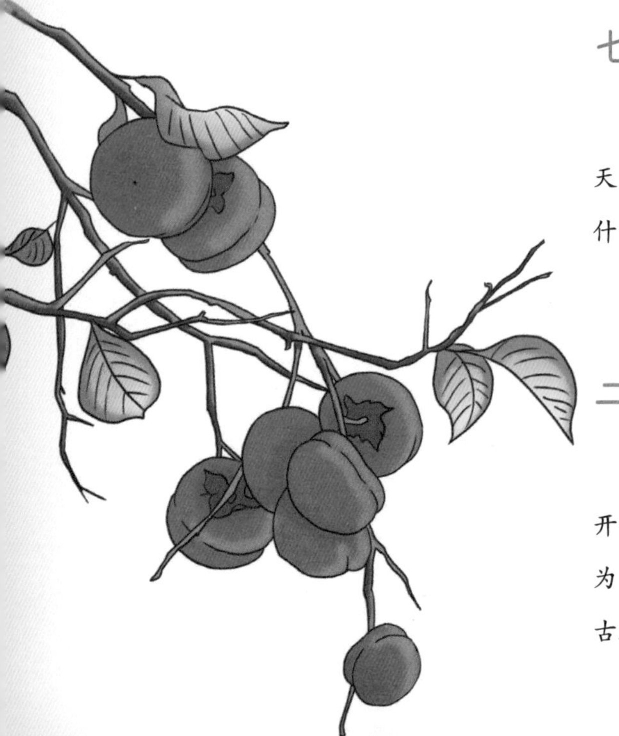

七十二候

动植物、天气等随着季节变化而发生的周期性自然现象，就是物候。古人以五天为一候，每个节气有三候，二十四节气共有七十二候。古人会根据物候变化安排什么时候干什么活儿。

二十四风

从小寒到谷雨，共有二十四候，每一候都有花朵开放。古人选出二十四种花期较为准确的植物，确立为二十四风，也就是二十四番花信风。花信风能帮助古人掌握农时。

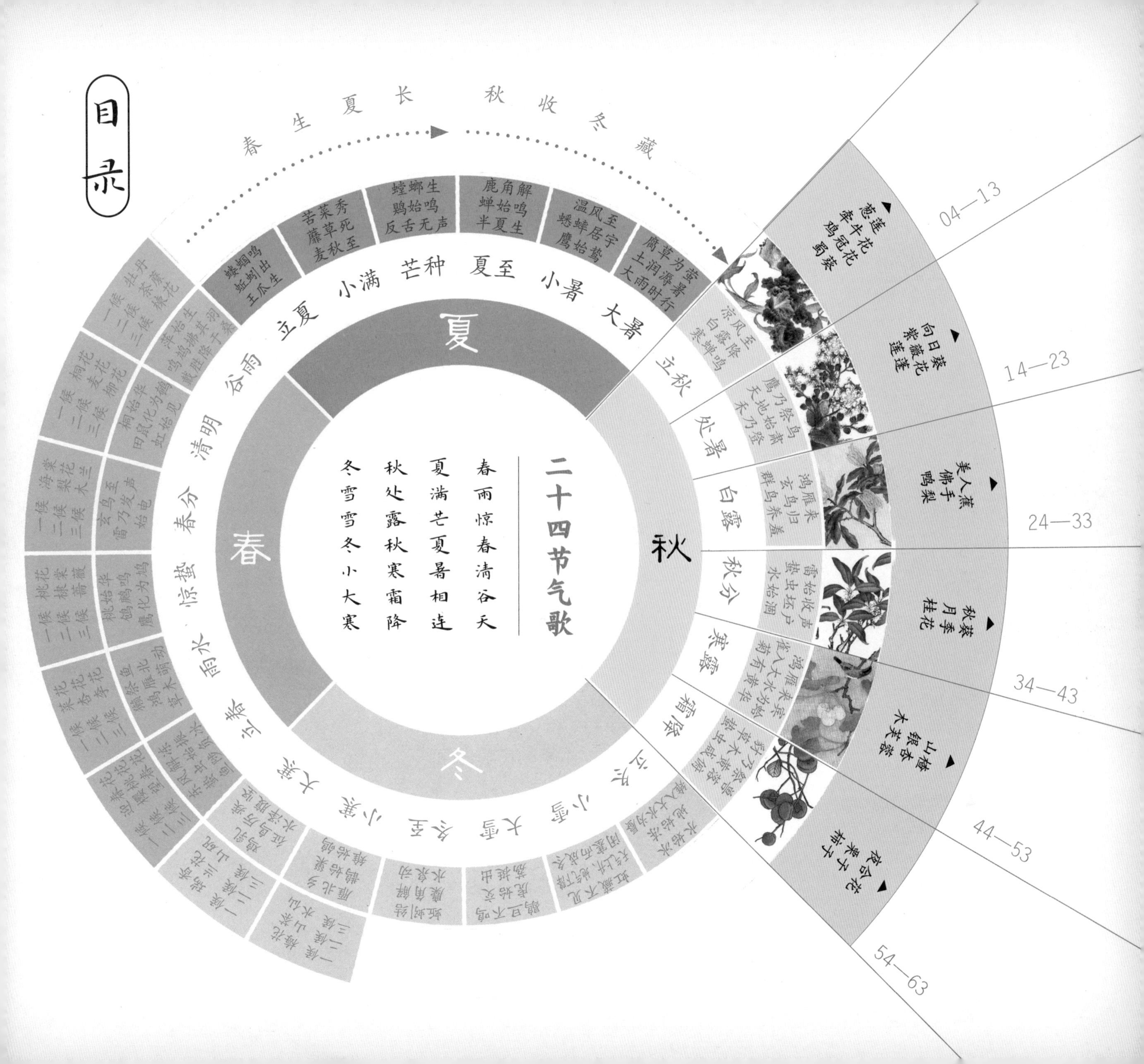
目录
春生夏长 秋收冬藏
二十四节气歌
春雨惊春清谷天
夏满芒夏暑相连
秋处露秋寒霜降
冬雪雪冬小大寒
春
夏
秋
冬
立夏 小满 芒种 夏至 小暑 大暑
立秋 处暑 白露 秋分 寒露 霜降
立冬 小雪 大雪 冬至 小寒 大寒
立春 雨水 惊蛰 春分 清明 谷雨
蝼蝈鸣 蚯蚓出 王瓜生
苦菜秀 靡草死 麦秋至
螳螂生 鵙始鸣 反舌无声
鹿角解 蝉始鸣 半夏生
温风至 蟋蟀居宇 鹰始挚
腐草为萤 土润溽暑 大雨时行
凉风至 白露降 寒蝉鸣
鹰乃祭鸟 天地始肃 禾乃登
鸿雁来 玄鸟归 群鸟养羞
雷始收声 蛰虫坯户 水始涸
鸿雁来宾 雀入大水为蛤 菊有黄华
豺乃祭兽 草木黄落 蛰虫咸俯
莲花 牵牛花 鸡冠花 蜀葵 04—13
向日葵 紫薇花 莲蓬 14—23
美人蕉 佛手 鸭梨 24—33
秋葵 月季 桂花 34—43
山楂 银杏 木芙蓉 44—53
夜合花 栗子 柿子 54—63

立秋

立秋到了，田野小路上，闪闪和布布跑得满头大汗，不停地东张西望。一会儿，他们又在野地里扒扒草丛，拨拨树枝，好像在寻找什么。一阵风轻轻吹过他们的脸颊，带来了一丝凉意。他们循风望去，啊，找到了——

只见两条龙飞了过来，上面站着一个“人”，脸上长着白毛，两只手像老虎爪子，还扛着一把斧子，笑嘻嘻地看着闪闪和布布。

闪闪和布布激动地说：“你一定就是秋天的神了，我们一直在等你！”

[明] 仇英《浔阳送别图》

“你们好，我是秋神蓐（rù）收。”蓐收驾着龙，停到他们面前，告诉他们，自己之所以迟到了一会儿，是因为人们举行的迎秋仪式太复杂、太隆重了，他一时难以离开。

有多隆重呢？蓐收见闪闪和布布很好奇，便解释起来：天还没亮，官员们就换上白色的衣服，赶去西郊，迎接第一缕秋风了……

“人们这么热情，我怎么能转身就走呢？”蓐收笑着说。

闪闪和布布表示理解，蓐收笑得更灿烂了。

认识立秋

天阶夜色凉如水，卧看牵牛织女星

秋

[清] 王鉴《仿宋元山水册》

一叶而知秋

立秋在每年公历 8 月 7 日至 9 日之间的一天到来。它预示着夏天的结束、秋天的开始。“一叶落知天下秋”，人们通过立秋前后天气的细微变化来捕捉秋天的讯息。

秋老虎

从立秋这天起，天气转凉，但炎热并未完全退去，因此，又有“秋老虎”之说。秋老虎是指出伏后回热的现象。立秋是夏秋交替之时，气温变化快，要预防感冒。

收获之秋

秋天是收获的季节，花木结出果子，农作物也都成熟，人们的脸上洋溢着喜悦。辛劳一年的耕耘，终于就要收获了。

[明] 佚名《蔬果图》

科学小馆

立秋这天，太阳到达黄经 135° 。太阳直射点继续由北回归线向赤道移动，还没有离开北半球。

◆ 防止农作物“口渴”

立秋前后，太阳依然高照，晒得大地发烫，空气也很干燥。田野里的农作物正争分夺秒努力地生长，等待成熟的一刻。可不能让它们“口渴”，要勤灌溉，防止干旱。俗语说，“立秋雨淋淋，遍地是黄金”，水分充足了，人们才能看到丰收的景象。

◆ 施肥、整枝

在生长旺盛的农作物中，总会有一些“虚弱”的农作物。它们不够健壮，长得慢，要给它们加肥料，增加营养；还要掐掉老叶，留下饱满的叶子。

◆ 除虫

在天气变冷前，虫子也打算来几顿饕餮大餐。它们趴在稻子、玉米、棉花上大口吞噬，这时，必须喷洒农药消灭它们，否则，春夏两季的辛苦劳作就要打水漂了。

［清］陈枚《耕织图》

[五代] 黄筌《翠竹草虫图》

一候　凉风至

立秋之日到来，大部分地区开始刮凉风，尤其是早晨和晚上。天气转凉，大地万物都做好了入秋的准备。

二候　白露降

“白露”指白雾。随着天气变凉，昼夜温差变大，清晨时，空气中的水蒸气凝结成小水滴，悬浮在空中，形成白茫茫的雾气，草叶上闪烁着一颗颗晶莹的露珠。

三候　寒蝉鸣

“寒蝉”指秋蝉，也叫寒螀（jiāng）、寒蜩（tiáo），是秋天的知了，体形比夏天的蝉要小。寒蝉感受到了秋天气温的变化，开始鸣叫。它们声音低沉，听起来有些悲伤，古代文人常将它们写在文章中，渲染悲凉的气氛。

[近现代] 齐白石《秋色图》

葱莲

葱莲又叫葱兰，为石蒜科植物。叶子如葱般细长、翠绿，洁白的花朵向上举起，给人以清凉、舒适的感觉。

牵牛花

牵牛花是旋花科缠绕草本植物，也叫喇叭花，每天公鸡打鸣时就盛开，所以又叫“勤娘子”。牵牛花一般夏秋开花，颜色有蓝、红、紫等。牵牛花中午时会凋萎，因为花朵大而薄、水分多，在太阳照射下，水分蒸发，从而凋萎。

[清]恽寿平《花卉图》

[清]沈铨《花鸟图轴》

蜀葵

蜀葵的“老家”在四川，所以叫蜀葵。它能长到2米高，高挑的样子加上大多开红花，因此又叫“一丈红”。蜀葵的花色还有紫、粉、白等。

[意大利]郎世宁《花卉》

鸡冠花

鸡冠花的形状就如公鸡头上的鸡冠。它们枝干笔直，花多为红色，一丛丛绽放时，仿佛一支支燃烧的火把。

[明] 仇英《人物故事图·南华秋水》

迎秋

周朝时，天子会率领大臣去西郊，令人载歌载舞迎接秋天。宋朝时，皇宫里的盆栽梧桐树会被搬到大殿内，等立秋时辰一到，太史官高喊：“秋来了！”相传这时梧桐树也会落下一两片叶子，意为“报秋”。无论哪个朝代的迎秋仪式，都代表着人们对丰收的渴望。

[清] 艾启蒙《风猩图》

戴楸叶

唐朝时，立秋这天，街上会有人售卖楸叶，因为“楸”和“秋”同音。人们戴上楸叶欢迎秋天的到来并祈求平安。宋朝也有戴楸叶的习俗，还有人把楸叶、楸树枝编成帽子戴。

躺秋

在江淮等地，人们会在立秋日躺在树下或草地上等阴凉处，享受凉爽的风，这表示酷暑就要过去，夜晚可以睡得更香了，这就是“躺秋”。

◈ 称人、贴秋膘

立秋这天，人们会像立夏时那样称一称体重，如果体重减轻了，便叫“苦夏”，因为夏天太热，食欲较差，消瘦了一些。为了补身体，人们会吃一些肉菜，如红烧肉、炖鸡、炖鸭、蒸鱼等，“以肉贴膘”，就是俗称的“贴秋膘”。

◈ 晒秋

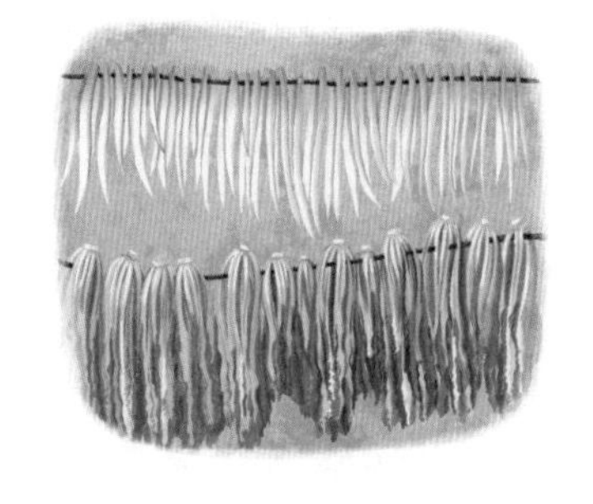

在湖南、安徽、广西等地，一些人会在地势较高的地方或房前屋后、屋顶等地，架晒或挂晒果子和蔬菜，叫“晒秋”。

◈ 啃秋、咬秋

[宋]韩祐《螽斯绵瓞图》

秋天要怎么啃、怎么咬呢？当然是啃咬能吃的食物啦。民间有在立秋日吃西瓜的习俗，有的地方吃秋桃，意为将“暑气”吃掉，也能防病；山东一些地方则有包饺子的风俗，叫“咬秋”。

[明]仇英《人物故事图·浔阳琵琶》

古诗词里的立秋

立秋日闻蝉

[宋]杨万里

老火薰人欲破头，唤秋不到得人愁。
夜来一雨将秋至，今晚蝉声始报秋。

甲骨文里的立秋

“秋”字的上半部分看起来像一只小虫子，它的头上长着一对触须，仿佛正振动着双翅“唧唧啾啾”地叫着；字的下面像一个“火”字。为什么要用火焚烧虫子呢？因为古时候农作物经常受到蝗虫的破坏，人们为了保护自己辛苦播种的粮食，在秋末时会焚烧害虫，祈祷农田丰收。

古籍里的立秋

《礼记·月令》：“立秋之日，天子亲率三公、九卿、诸侯、大夫，以迎秋于西郊。还反，赏军帅武人于朝。”

大意：立秋日，天子亲自率领三公、九卿、诸侯、大夫，在西郊设下祭坛迎秋。返回后，还要在朝堂上赏赐将帅和勇士。

谚语里的立秋

立秋棉管好，整枝不可少。
立秋后三场雨，夏布衣裳高搁起。
立秋胡桃白露梨，寒露柿子红了皮。
头伏芝麻二伏豆，晚粟种到立秋后。
立秋晴，一秋晴；立秋雨，一秋雨。
立秋晴一日，农夫不用力。
立了秋，把扇丢。

［清］上睿《携琴访友图》

[元] 赵孟頫《谢幼舆丘壑图》

处暑

春天有春游，秋天有秋游，然而，立秋的时候，闪闪却没有去秋游，他觉得自己太委屈了。

布布对闪闪说：“我们一直在玩呀！从立秋到现在，我们每天都在秋游。”

闪闪仍然很遗憾，因为那不是正式的秋游。

秋神蓐收说：“处暑到来了，离凉爽的秋天更近了，正好秋游。你们想去哪里？我用神力实现你们的愿望。”

闪闪高兴极了，决定去一个没去过的地方。

去哪里呢？闪闪想来想去，都觉得不满意。山那边有很多小溪和泉眼，可是，终究有些平淡；最高的山顶上有一些奇花异草，可是，也不过如此；山崖边有一个巨大的峡谷，听说有神秘的磁场，可是，还是不够奇特……

最终，闪闪想到一个主意：去一个非常小的地方，领略微观世界的魅力。

蓐收满足了闪闪的愿望，于是，他们就挤坐在了一粒高粱米中……

❖ 处暑是什么意思？

处暑在每年公历8月22日至24日之间的一天到来。“处”是终止的意思，“处暑”就是暑气终止，炎热将渐渐消退。因此，处暑也被称为“出暑”，它是反映气温变化的一个节气。

❖ 清秋高远

秋的脚步近了，气温由炎热逐渐向凉爽过渡。天空高远，走在路上，望着天上飘过的朵朵白云，心中也是悠然自在的。这时，天气仍然干燥，雨水很少，树叶开始褪去绿色，泛起了微微的褶皱，风吹过时，响起“沙沙”声。

❖ 迎接收获的金色

处暑时节，许多农作物都进入了成熟期，人们热盼的丰收时刻快要来了。

[清] 屈兆麟《蔬果雀鸟图》

[清] 王翚《云溪草堂图卷》

[清]丘鉴《芙蓉芦雁图》

◆收割高粱

沉甸甸的高粱穗儿垂下了头，人们忙着收割高粱，洋溢着笑容的脸也像高粱穗儿一样红彤彤的。

◆照看棉花

一株株棉花吐出柔软洁白的棉絮，如果这时碰上连续的阴雨天，棉花就会被病菌侵害，从而造成烂铃，因此要小心照看，及时修整枝叶，并喷洒药液。

◆播种蔬菜

处暑时节适合菠菜、生菜、大白菜、油麦菜等蔬菜生长，人们播撒下蔬菜种子，让种子在天气还没变冷之前，努力吸收养分成长。

科学小馆

处暑这天，太阳到达黄经 150°，太阳直射点继续往南移，人们可以感觉到太阳开始偏南。

[清]任熊《下有掣浪鲸，上有睨霄鹤》

一候　鹰乃祭鸟

秋意渐浓，鹰开始捕猎鸟类，并且将它们摆放在一起，就像人用食物供奉、祭祀祖先一样。传说，鹰还有一种“义举”，它们不会捕杀正在孵化或哺育幼鸟的鸟妈妈。

二候　天地始肃

在古人看来，春夏代表天地的慈爱，秋冬代表天地的严厉。因此，秋天到来时，天地的表情由慈祥变得严肃，天气开始清冷，万物开始凋零。

三候　禾乃登

“禾”指谷物，是黍、稷(jì)、稻、粱类农作物的总称；“登”是成熟的意思，指各种谷物都要成熟了：稻子披着一身金黄，高粱醉红了“脸”，玉米笑得咧开了“嘴”……

向日葵

暑热还没消退，向日葵沐浴着灿烂的阳光，享受着最后的向阳时光。向日葵属于菊科，是草本植物，因为它们总是朝着太阳的方向生长，所以又叫转日莲、朝阳花等。处暑时节，向日葵的花盘上镶嵌着一粒粒葵花子，几十片金黄的花瓣围绕着花盘，好像灿烂的笑脸。

紫薇花

炎热的夏天过去了，有一种特别的树依然开满了花，它就是紫薇树。紫薇树个头儿高大，属小乔木或灌木，花有玫红、淡红、粉红、紫等多种颜色。花朵一簇簇缀满枝头，好像一只只飞舞的蝴蝶。紫薇花能从6月开到9月，有“百日红”之称。

[清]顾洛《蔬果图》

莲蓬

荷花渐渐凋谢，花瓣片片掉落，露出了中间的莲蓬。莲蓬又叫莲房，全身碧绿，宛如一个碗，又像一个铃铛，闻起来有一股清香。莲蓬表面有许多蜂窝状的孔洞，每一个孔洞里有一颗果实，就是莲子。莲子味道甘甜，在干燥的秋天里，煮一碗百合银耳莲子汤，清热又降火。

[宋]卫昇《写生紫薇图》

拜土地爷

眼见农作物就要成熟了，古人会祭祀土地爷，向神明祈求风调雨顺、好收成。有的人会在土地庙用肉菜供奉土地爷；有的人会在田里插上旗幡（fān）；还有人会在农作物上缠绕彩色纸条；更有人在干完农活后也不去洗脚，生怕好收成随着沾在脚上的泥巴一起流掉了。

开渔节

经过夏季休渔期的繁殖和生长，鱼虾贝类都成熟了。处暑前后，浙江一些地方会举行开渔节，欢送渔民驾船出海，祝祷渔船满载而归。

放河灯

农历七月十五是中元节，人们会在河边放河灯。河灯也叫荷花灯，载着人们祈求平安的心愿，向远处漂流。放河灯也寄托着人们对逝去亲人的悼念、对在世亲人的祝福。

［宋］燕文贵《秋山行旅图》

［宋］赵佶《摹张萱捣练图》

捣练

在古代，秋天时，女子还会“捣练”，也就是做捣洗布匹、织线、熨烫等事。

在古代仕女画中，有“四季仕女”之说：春季为游春仕女，夏季为倦绣仕女，秋季为捣练仕女，冬季为嗅梅仕女。

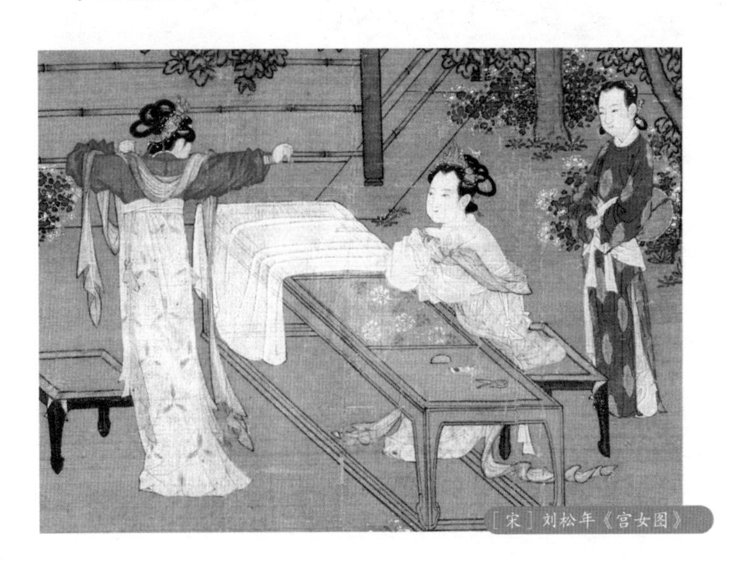

［宋］刘松年《宫女图》

秋日出游

处暑后，天气一天比一天凉快，云也变得疏散，丝丝缕缕，变化多端。俗话说，“七月八月看巧云”，这正是赏秋的好时光，大人和孩子来到郊外放风筝、野餐，多么惬意、快乐。

龙眼配稀饭

人们在夏天消耗了很多热量，处暑时补一碗龙眼粥，是老福州人的喜好。

喝酸梅汤

俗语说：“处暑酸梅汤，火气全退光。”喝了酸甜爽口的酸梅汤，可去暑气，让人身心舒畅。

煎药茶

煎药茶的习俗从唐朝就有了。秋季干燥，容易上火，吃“苦”能清热去火。

[明] 沈周《采菱图卷》

古诗词里的处暑

咏廿四气诗·处暑七月中
（节选）

[唐] 元稹

向来鹰祭鸟，渐觉白藏深。
叶下空惊吹，天高不见心。

古籍里的处暑

《月令七十二候集解》：“处暑，七月中。处，止也，暑气至此而止矣。”

大意：处暑在农历七月中旬。“处”是终止的意思，是说夏天的热气在处暑时快要消退了。

[清] 蒋廷锡《花卉草虫图册》

金文里的处暑

处暑的“处”字，在金文里，上面是一个“虎”，下面是一个“几”。好像一个头戴虎皮冠的人靠在几案上席地而坐。“处”表示位置、自居的意思，源于古代的一种祭祀活动。古人在战事开始前，会戴上虎皮冠靠在几案上，祈祷战士们像虎一样威武勇猛，取得胜利。“处”后来引申为“停止”。“处暑”就是指炎热的夏天结束了。

谚语里的处暑

七月秋风凉，棉花白，稻子黄。

处暑天不暑，炎热在中午。

处暑一声雷，秋里大雨来。

处暑满地黄，家家修廪（lǐn）仓。

处暑栽白菜，有利没有害。

处暑拔麻摘老瓜。

处暑高粱白露谷。

［明］萧云从《秋山行旅图》

白露

清晨，布布和闪闪在一片茂密的草丛中打量着草叶上剔透的露珠。

闪闪说：“真厉害，小小的露珠竟然能把我的裤脚打湿。”

布布说：“前几天还没有这么多露珠，今天突然冒出来许多。”

闪闪说：“是不是秋神蓐收用魔法变出来的？”

一说到蓐收，二人赶忙四处寻找。蓐收说好要带他们去水晶世界，但整个早晨都没见到他的踪影。

蓐收在哪里呢？闪闪和布布正想着，突然一颗露珠从叶尖滚落下来，蓐收从那破碎的露珠里幻化了出来。

“啊，好神奇！”闪闪大叫着，接着又问蓐收什么时候去水晶世界。

蓐收还是优哉游哉的模样，他笑眯眯地说：“我们现在就在水晶世界呀，这些露珠不就构成了水晶世界吗？”

原来如此！闪闪和布布恍然大悟，笑着点点头。

露从今夜白，月是故乡明

认识白露

秋

白露的含义

白露在每年公历 9 月 7 日至 9 日之间的一天到来。这个时节，早晨湿冷的水汽会凝结为露。古人认为秋天在五行（xíng）里属金，而金对应五色中的白色，因此把此时的露水叫“白露”。白露代表天气变凉，万物渐渐成熟，逐渐走向凋零。

昼夜温差变大

白露时节，白天和夜晚的温差变得更大，天气已有些许的凉意。白天依然阳光灿烂，夜晚气温则下降 8~10℃，空气中弥漫的水汽遇到小草、树叶时，便凝结成细小的水滴。第二天清晨，人们就能看到一颗颗晶莹欲滴的露珠了。

科学小馆

白露这天，太阳到达黄经 165°，太阳直射点持续向南移动，北半球的日照时间变短。

［清］樊圻《山水图》

[宋]佚名《扑枣图》

❖ 摘枣子

“白露至，枣儿红”，经过秋雨的滋润，枣儿成熟了。孩子们举起长杆，将枣打下来，放进嘴里，“咔嚓咔嚓”，吃得香甜。

❖ 防秋雨

白露期间，日照减少，降雨较多，长期低温天气可能会影响晚稻抽穗扬花，因此要提前做好防护，以减轻连绵秋雨的危害。

❖ 收割啦

北方的大豆和水稻等作物也都成熟了，人们欢天喜地地在田里忙着收割。

[清]陈枚《耕织图》

露从今夜白，月是故乡明

白露三候

秋

一候 鸿雁来

鸿雁是一种候鸟，每年9月，感受到秋凉后，它们就从北方迁徙到南方，在温暖的地方过冬，等来年感受到春暖时，再从南方飞回北方。

[明]王守谦《千雁图》

二候 玄鸟归

玄鸟是指黑色的鸟，即燕子。白露天气渐冷，很多昆虫都藏起来或消失了，燕子没有飞虫可捕食吃，就飞往温暖的南方去过冬了。

三候 群鸟养羞

“养羞”是储藏食物之意。麻雀、喜鹊等是留鸟，不怕冷，不需迁徙。它们会飞到田野、树林等处觅食，储藏一些干果、粮食，使自己在寒冷的冬天里不会挨饿。

[宋] 赵昌《蜂花图卷》

露从今夜白，月是故乡明

白露花果

秋

[清] 黄慎《麻姑献寿图轴》

美人蕉

美人蕉是多年生草本植物，高可达 1.5 米，花期因南北方环境而有差异，北方为 3~10 月，南方为全年。美人蕉可以吸收空气中的二氧化硫和氯化氢等有害气体，起到净化环境的作用。

佛手

佛手是一种灌木或小乔木，每年 9~10 月果实成熟，果肉与果皮分离，形成细长弯曲的果瓣，就像人的手指，所以叫佛手。佛手味道酸甜，很适合秋天食用。

[清] 蒋廷锡《佛手写生图》

鸭梨

在干燥的秋天，鸭梨成熟了。鸭梨又脆又甜，还能解渴，有“天生甘露”的美称。

祭禹王

禹王就是神话传说中的治水英雄大禹。在江苏太湖一带，每到白露时节，人们赶庙会、敲锣打鼓、唱戏等，通过举行仪式来祭祀禹王，感恩他治理水患，让百姓安居乐业。

[宋]马麟《夏禹王像》

收清露

收清露是明朝时流传下来的习俗。古人认为，在白露时节用盘子收取清晨的露水，煮好服用，可以健康长寿。古人还会用秋天的露水洗眼睛，治疗眼疾。

饮白露茶

老南京人喜欢喝白露茶。白露茶就是用在白露时节采摘下来的茶叶冲泡而成的茶。白露茶不如春茶苦，不似夏茶涩，而是一派清香醇厚。

[宋]赵伯驹《江山秋色图》

❖ 吃"十样白"

在浙江温州等地，一些人会在白露这天收集“十样白”，就是十种带“白”字的草药：白芍（sháo）、白芨（jī）、白术（zhú）、白扁豆、白莲、白茅根、白山药、百合、白茯苓（fú líng）、白晒参。用它们炖鸡、炖鸭或炖猪肘子可以祛除体内湿气，所以有“白露十样白，老头变小孩”的说法。

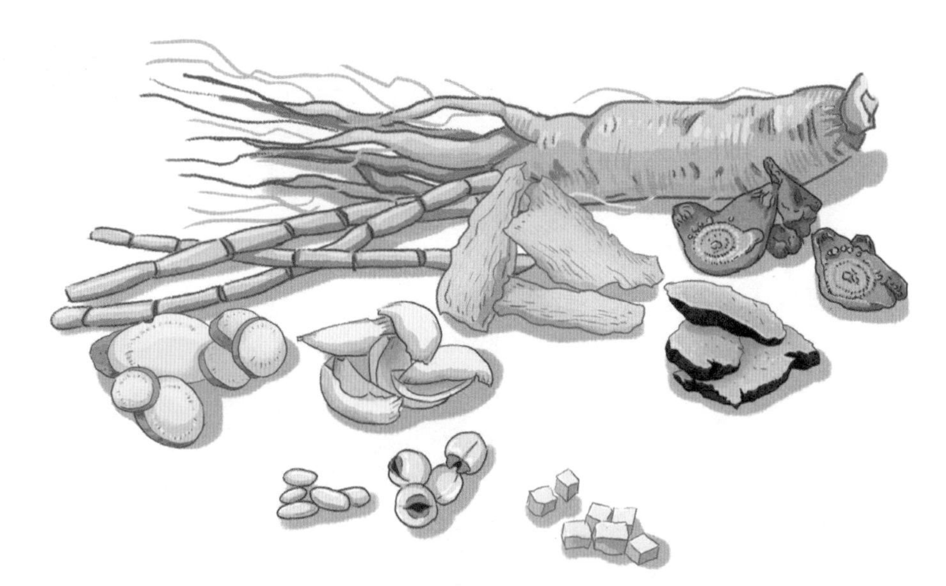

古诗词里的白露

月夜忆舍弟

（节选）

［唐］杜甫

戍（shù）鼓断人行，边秋一雁声。

露从今夜白，月是故乡明。

谚语里的白露

白露秋分夜，一夜凉一夜。

草上露水凝，天气一定晴。

喝了白露水，蚊子闭了嘴。

白露割谷子，霜降摘柿子。

头白露割谷，过白露打枣。

白露谷，寒露豆，花生收在秋分后。

立秋不是秋，天凉白露后。

甲骨文里的白露

白露的“白”字，看起来是不是很像一粒米的样子？很久以前，我们的祖先发现了一种既可以栽种，也可以食用的植物——稻子。水稻去壳之后，就成了一粒粒白白的米。

古籍里的白露

《月令七十二候集解》："白露，八月节。秋属金，金色白，阴气渐重，露凝而白也。"

大意：白露是农历八月的节气。秋天属于五行之中的金，金属于五色中的白，这时寒气越来越重，夜晚空气中的水汽凝结成露珠，在清晨阳光的照耀下晶莹剔透，因此叫“白露”。

[明]仇英《赤壁图》

［明］吴彬《山阴道上图》

秋分

秋分了！秋分了！果子红了“脸”，石榴咧开了“嘴”，树叶变了色……

秋分了！秋分了！布布和闪闪又唱又跳，一瞬间似乎又发现有些不对劲儿——果子竟然一半红一半青！石榴也一半红一半青！稻穗儿一半黄一半绿！

当他们仔细观察四周时，发现万物都是这种模样，就连青蛙都是一半绿一半黑，野花也是一半红一半枯黄！

难道他们进入了一个魔幻世界？

正在布布和闪闪诧异时，突然从果子上传来一个声音：“怎么样，有趣吧？”

他们定睛一看，只见蓐收变小了，正半躺半坐在果子上。

闪闪急忙问：“为什么动植物都变成了怪异的样子？”

蓐收不紧不慢地说：“是为了提醒你们今天是秋分啊。秋季在今天刚好过一半，所以我把动植物的颜色也变成一半一半的。”

布布和闪闪恍然大悟，笑了起来：“这个提醒太魔幻了。”

他们伸出手调皮地挠蓐收的胳肢窝。蓐收笑得止不住，一边躲闪，一边变大了。

认识秋分

碧云翻墨坠秋光，残暑长廊一雨凉

秋

◆ 平分秋季

每年公历 9 月 22 日至 24 日之间的一天，秋分便如约而至。“分”有“平分”的意思，“秋分”的意思就是平分秋季。到了秋分时，秋天就已经过去一半。

◆ 北半球天高云淡

秋分后，我们生活的北半球，昼夜温差加大，气温也开始下降。此时的风终于变成了凉爽宜人的秋风，天气晴朗，阳光和煦。天高云淡的秋季，正适合出去游玩。

［元］盛懋《秋舸清啸图》

科学小馆

秋分时，太阳到达黄经 180°，太阳直射点位于赤道，南半球、北半球昼夜等长。秋分后，太阳会继续向南“赶路”，奔向南回归线。北半球白天变短，黑夜变长。

［明］仇英《山水图册》

农事日历

碧云翻墨坠秋光，残暑长廊一雨凉

秋

摘棉花、掰玉米、割大豆

秋分时节，棉花绽开、成熟。为避免沾上露水，要趁棉花上的水分被太阳晒干时抓紧采摘。

经过夏天的迅猛生长，玉米也成熟了。人们早早地来到地里，趁着太阳还不是太晒，抓紧时间掰玉米。掰下的玉米被装在麻袋里，运回去晾干、脱粒。

此时，一串串豆荚笑开了花，里面是饱满的大豆粒。人们把大豆秸割下来，脱粒后的豆秸则可以烧火、喂牛。

［清］顾洛《蔬果图》

耕种

在华北一带，秋分时要种植冬小麦和油菜，因此，在忙碌地收割完农作物以后，还要开始新一轮的翻土耕地。

一候　雷始收声

秋分时，天上不再打雷。在古人看来，雷是因为阳气旺盛才会发声。从秋分开始，阳气减退，阴气开始旺盛，就不再有轰隆隆的打雷声了。

二候　蛰（zhé）虫坯（pī）户

“蛰虫”是指藏在泥土中休眠的虫，“坯”是细土的意思。天气变冷，很多虫子要冬眠了。它们会钻入地下洞穴，用细土将洞口封起来，以防寒气侵入。所以，冷秋和寒冬就很少能看到活动的虫子了。

三候　水始涸

“涸”是干涸的意思。秋分后，天气干燥，降雨减少，水汽蒸发快，湖泊与河流中的水变少，一些沼泽和水洼也因此干涸了。

[宋] 李士忠《秋葵图》

秋葵

秋葵是锦葵科草本植物，花期 5~9 月。秋分前后，气温不低于 14℃时，秋葵正常盛开；秋分过后，气温如果低于 14℃，秋葵就会“怠工”，开花少，落花多。

月季

月季被称为“花中皇后”，原产于中国，相传神农时代已经人工栽植，明朝时处处可见，颜色各异。

[明] 陈洪绶《花鸟册》

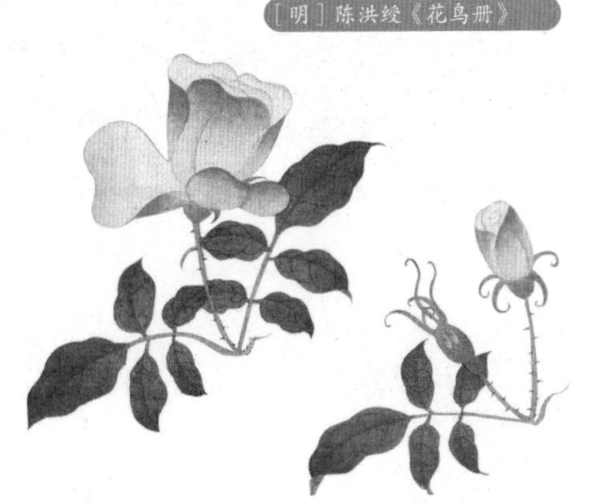

[清] 屈兆麟《写生花鸟图》

桂花

农历八月后，桂花绽放，幽幽清香闻起来甜甜的。桂花是木樨科植物，花有黄色、淡黄色、黄白色、橘红色。桂花花瓣能做桂花茶、桂花鸭、桂花酒、桂花糕……

碧云翻墨坠秋光，残暑长随一雨凉

秋分花开

秋

[宋] 易元吉《果熟双禽图》

［清］张廷彦《中秋佳庆图》

祭月

在古代，有“春祭日，秋祭月”的习俗。最初，古人把秋分当天定为祭月节，但由于这一天不一定有圆月，而祭月无圆月则大煞风景，于是，人们把祭月节由秋分这天改到了农历八月十五。

中秋节

临近秋分的农历八月十五是中秋节。中秋节与春节、清明节、端午节并称为中国四大传统节日，人们将月饼和水果供奉给月神，希望月神保佑平安幸福。此外，人们还会在中秋节那天赏月、观潮、赏桂花、玩花灯等。

农历八月在秋季中间，是秋季的第二个月，古人称“仲秋”，而八月十五又在“仲秋”之中，所以叫“中秋”。

◈ 吃秋菜

岭南一带有秋分吃秋菜的习俗。秋菜一般指野苋菜，也叫秋碧蒿。秋分这天，人们会去采摘秋菜，然后和鱼片一起做成秋汤，寓意平安健康。秋分之后，秋风袭来，气温逐渐下降，又凉又干燥，需多喝水，吃些清润的食物，如芝麻、核桃、糯米、乳品、梨等。

◈ 送秋牛

送秋牛是送一张秋牛图，图上印着全年节气，还有农夫耕田的图案。送图的人也就是秋官，擅长说、唱，送给哪家就即景生情，见什么说什么，句句有韵，主要说秋耕吉祥、顺应农时的话，直到主人乐得给赏钱为止。

［清］佚名《十二月令图》

节气文化

秋

古诗词里的秋分

十五夜望月寄杜郎中

［唐］王建

中庭地白树栖鸦，

冷露无声湿桂花。

今夜月明人尽望，

不知秋思落谁家。

农谚里的秋分

秋分秋分，昼夜平分。

白露早，寒露迟，秋分种麦正当时。

秋分见麦苗，寒露麦针倒。

白露秋分菜，秋分寒露麦。

分前种高山，分后种平川。

［元］黄公望《富春山居图》

金文里的秋分

秋天也有“金秋”之称，金文里的“金”字，左边有两个小铜块，右边的上部像箭头，下部像斧头，箭和斧都是兵器，“金”是兵象，刀枪剑戟都属于“金”。古人认为，秋在“五行”里属金，所以，秋天有一种肃杀之气，草木凋零就是被这种肃杀之气催败的。

古籍里的秋分

《春秋繁露·阴阳出入上下篇》：“秋分者，阴阳相半也，故昼夜均而寒暑平。”

大意：秋分的意思，就是阴气和阳气各自占据了一半，所以白天和黑夜的时间相等，寒凉和暑热也非常平均。

寒露

河里的螃蟹肥了，闪闪和布布想让秋神蓐收带他们去抓螃蟹。蓐收不想去，因为担心他们近水容易发生危险。闪闪和布布再三保证，他们只站在岸上看蓐收捉螃蟹。蓐收总算同意了，但他刚走了一步，又停住了。

“你们得答出一道题我才带你们去。”蓐收说。

是什么题呢？闪闪和布布催蓐收快说。

蓐收一伸手，变出一张纸，上面写着：“‘露从今夜白，月是故乡明’和‘袅袅凉

［清］石涛《游张公洞图》

风动，凄凄寒露零’这两句诗，是指什么节气？”

布布叫道：“我知道！‘露从今夜白’是指白露，‘白露’那天我们学过了！”

蓐收说：“那‘凄凄寒露零’呢？”

这句诗布布和闪闪没学过，他们根据字眼猜道：“是寒露吗？”

蓐收笑了起来，说：“聪明，捉螃蟹去吧！”

布布和闪闪兴奋地跳了起来。

认识寒露

袅袅凉风动，凄凄寒露零

秋

[近现代]张大千《峦林幽树图》

[近现代]张大千《晴霭仙阁图》

先白而后寒

每年公历10月7日至9日之间的一天，寒露就降临了。有一句谚语："露水先白而后寒"，大意是，白露节气之后，露水会从中秋的微凉变成深秋的寒凉，露水像是要凝结成霜一样，因而称为寒露。

早晚寒凉

从晶莹的露珠到渐渐凝霜，白天慢慢变短，夜晚慢慢变长，日照慢慢变少，热气慢慢消退，寒气慢慢滋生，这时候，要加衣保暖了。

秋意浓

在北方，红叶、早霜的深秋景象已经浓重，尤其在东北等地区，已经开始进入或即将进入冬季。南方也秋意渐浓，蝉不再鸣叫，桂花开始残败、枯萎。

[明]陈洪绶《花鸟草虫写生册》

科学小馆

寒露时，太阳到达黄经195°。寒露后，太阳直射点会继续南移，北半球"昼渐短，夜渐长"更为明显。

冻死害虫

寒露以后，昼夜温差大，早晚温度低，需要翻耕土地，把埋于地下过冬的害虫及虫卵翻到地面上，让它们在低温中被冻死。

种小麦

寒露时节，北方应尽早撒播小麦种子，开始新一轮的种植。播种前，先松土、施肥，再挑选土壤潮湿的日子下种。

保护水稻

为了避免低温伤害到水稻，人们会在夜晚用温度高一些的河水进行夜间灌溉，并追加肥料。

[清] 佚名《耕织图》

[清] 陈书《秋塍生植图》

[清] 余省《种秋花图》

袅袅凉风动，凄凄寒露零

寒露三候

秋

一候　鸿雁来宾

“鸿雁来宾”就是大雁要迁徙到南方了。寒露后，北方的寒冷让大雁无法生存，它们便飞往南方。

二候　雀入大水为蛤（gé）

“蛤”指蛤蜊（lí），是一种软体动物，生活在浅海底。深秋时节，鸟雀飞往南方过冬，很少再见到它们的身影。与此同时，古人在海边看到很多条纹和颜色与鸟雀很像的蛤蜊，便误以为，鸟雀进入水中，变成了蛤蜊。

[清] 华喦（yán）《写生册》

三候　菊有黄华

菊是宿根草本植物，3000 多年前，《礼记》中就曾记录它秋天开黄花。其实，菊花还有白、紫等颜色。菊花迎霜开放，备受文人推崇，东晋大诗人陶渊明就曾写下“采菊东篱下，悠然见南山”的名句。古人还赋予菊花吉祥、长寿的含义。

山楂

寒露时节，山楂成熟了。山楂树是蔷薇科植物，果实酸而略甜，能健胃消食。传说，宋光宗的一位妃子生了怪病，面黄肌瘦，不思饮食，后来，服了“棠球子”（山楂）与红糖同煮的汤才病愈。糖葫芦由此演化而来。

银杏

银杏在恐龙时代就生存在地球上了，是中生代孑遗的稀有树种，原产于中国。银杏果叫白果，每年 7~8 月长成，为青色，9~10 月成熟，为黄色。

[宋]马世昌《银杏翠鸟图》

木芙蓉

木芙蓉是锦葵科木槿属灌木或小乔木，堪称“变脸大师”，花色一日三变。清晨是白色或淡红色，午后为粉红色，傍晚花朵快闭合时为深红色，因此又叫“三醉芙蓉”。木芙蓉秋天开花，11 月时仍可见其美艳。

木芙蓉为什么会变色呢？因为花瓣内的花青素能随着温度、水分、光照和土壤酸碱性等的变化而变化。

[清]丘鉴《芙蓉芦雁图》

重阳节

寒露节气紧临农历九月初九的重阳节。古人认为“九”是吉祥的阳数，“九九”是两个阳数相重，所以又叫“重阳”。古人会在这天登高望远，拜神祭祖，戴茱萸，赏菊花，饮菊花酒等。现在，重阳节也叫老人节。

赏红叶

“霜叶红于二月花。”寒露时，枫叶已经变红，很多地方有赏红叶的习俗。相传唐朝时，宫女会在红叶上题诗，然后放到流水上，任它漂流而去，以寄托幽情，抒发寂寞、悲哀的情绪。这就是“红叶题诗”的典故。

［明］唐寅《红叶题诗仕女图》

“秋钓边”

“春钓浅滩，秋钓近边。”寒露时，太阳已经无法晒透深水区，深水区温度较低，鱼会游到水温稍高的浅水区，于是人们在寒露时节能更容易地钓到鱼。

［明］仇英《枫溪垂钓图》

［清］蓝瑛《仿张僧繇山水图》

[清] 蓝瑛《白云红树图》

[五代] 佚名《丹枫呦鹿图》

醉江蟹

“寒露发脚，霜降捉着，西风响，蟹脚痒。”江南一带的人还会在寒露时节吃螃蟹。

吃芝麻

寒露时节，天气渐渐寒冷，很多人吃芝麻养生，还将芝麻做成点心，如芝麻球、芝麻糕等。芝麻还能榨油，让饭菜更香。

古诗词里的寒露

池上（节选）

［唐］白居易

袅袅凉风动，凄凄寒露零。
兰衰花始白，荷破叶犹青。

甲骨文里的寒露

寒露日和重阳节，人们会饮菊花酒。早期甲骨文中的“酒”字，右边是一个酒坛，左边有几个点，就像溢出的美酒或飘出的酒香。后来，甲骨文中还出现了另外的“酒”字，酒坛在中间，左右两边各有一条曲线，像是从酒坛溢出的美酒或酒香气。

［明］唐寅《溪山渔隐图》

谚语里的寒露

秋分早，霜降迟，寒露种麦正当时。

寒露不刨葱，必定心里空。

寒露收山楂，霜降刨地瓜。

寒露到霜降，种麦日夜忙。

寒露时节人人忙，种麦摘花打豆场。

古籍里的寒露

《月令七十二候集解》：“寒露，九月节。露气寒冷，将凝结也。”

大意：寒露是农历九月的节气。露气变得更加寒冷，将要凝结成霜。

霜降

霜降到了，草叶上覆盖了白霜。

“蒹葭苍苍，白露为霜。所谓伊人，在水一方。”秋神蓐收一边吟诵古诗，一边给布布和闪闪讲解白露为霜的过程。

布布问：“‘所谓伊人，在水一方’是什么意思？”蓐收便指着对岸说：“意思是那个人在河水的那一方。”说着，他蓦地飞到了对岸的芦苇旁。

[清] 王鉴《青绿山水图卷》

“你们现在看我，我就是‘在水一方’。”蓐收耐心地解释着。接着，蓐收神情凝重地说：“霜降是秋天最后一个节气，我用这首诗向你们告别吧。”

说完，蓐收把手中的斧头向上举了举，表示“再见”的意思，然后，慢慢地转身离去。

尽管闪闪和布布已经习惯了季节神的降临和离去，但还是不愿和蓐收分离。他们一边招手一边呼喊，而蓐收的身影越来越模糊了……

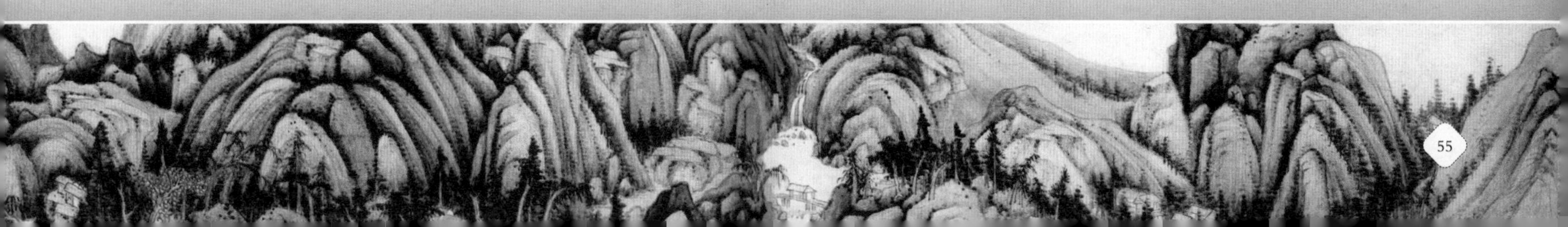

［清］佚名《十二月令图》

认识霜降

秋

霜降不一定降霜

霜降在每年公历10月22日至24日之间的一天到来。“霜降”并不是说这个节气会“降霜”，而是说气温骤降，是一年中昼夜温差最大的时候，它代表着秋天正向冬天过渡。

凝结成小冰晶

霜降时节，大地上的寒气开始凝聚，早晚变冷，有时夜晚气温会骤降到0℃以下，水蒸气在地面或草木上凝结成细微的小冰晶，有的就形成了白色霜花。山野中，层林尽染，五彩斑斓。风带着深秋的寒意，人们都穿上了厚衣裳。

科学小馆

霜降时，太阳到达黄经210°。太阳直射点已经越过赤道，继续往南，夜晚变长，白天变短，离冬天更近了。

◈ 防冻防寒

这时，地里还有一些农作物，要保护它们不“受冻受寒”。人们加强灌溉使土地湿润，散热更慢，还覆盖草帘、席子、草木灰等，也有人点燃一些发烟物，用熏烟法形成保温云层。

◈ 耕翻农田

收割完庄稼，地里留下了秸秆和根茬，里面隐藏着很多越冬虫卵和病菌，需要及时把秸秆和根茬拔除，收拾干净。之后，还要深度耕翻土地，减少有害物质的积累。

◈ 加工水稻

霜降后，大多数地区的水稻都已收割，要想把稻粒变成大米，还要舂捣去壳，用簸箕、筐箩等工具筛除沙砾、草叶等杂质。

[清] 陈枚《耕织图》

[清] 陈枚《耕织图》

[宋]易元吉《秋景獐猿图》

霜降三候

秋

一候 豺乃祭兽

“豺”指豺狼。霜降时，豺狼捕获猎物后，将猎物陈列在地上，然后吃掉。这就像人类用收获的新谷祭祀上天一样，豺狼这样的行为好像在感恩天地“赐予”了它们食物。

二候 草木黄落

秋天走到了尽头，漫天的秋风扫落了叶子，吹枯了草木，天地呈现出一片萧瑟的景象，也催生了古代文人哀秋、悲秋的感伤情怀。

[明]陈洪绶《山水诗画册》

三候 蛰虫咸俯

随着冬天的脚步越来越近，许多昆虫都躲进洞中避寒。它们一动不动，进入了休眠状态。大自然越发寂静了。

[五代]顾闳中《韩熙载夜宴图》(此为宋摹本)

霜降花果

秋

夜合花

［宋］佚名《夜合花图》

夜合花又叫夜香木兰，喜欢温暖湿润、半阴半阳的天气。花为白色，花开 1~2 天，一般是清晨开花，夜晚闭合，所以叫夜合花。花香清幽，闭合前更为浓郁。

栗子

［清］顾洛《蔬果图》

栗子树是壳斗科乔木。深秋 10 月栗子成熟，栗肉肥厚饱满，吃起来很香甜。冬天，炒栗子是非常受欢迎的零食。

柿子

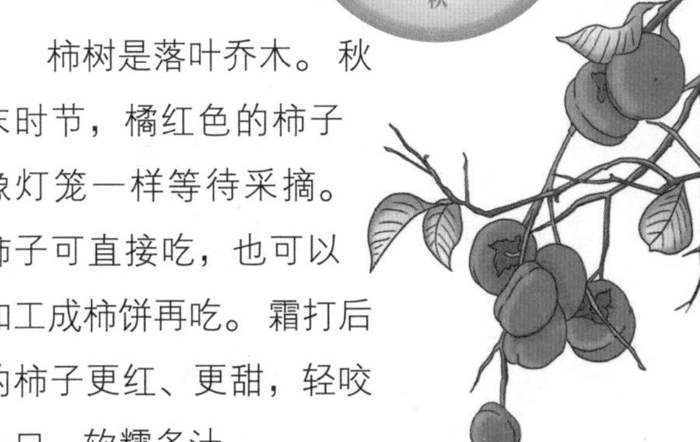

柿树是落叶乔木。秋末时节，橘红色的柿子像灯笼一样等待采摘。柿子可直接吃，也可以加工成柿饼再吃。霜打后的柿子更红、更甜，轻咬一口，软糯多汁。

习战射

古人认为，“霜”是杀伐的象征。为了顺应秋天的严峻、肃杀之气，自汉代开始，古人就在农历九月讲习兵事，操练比试射箭，进行围猎活动。

清朝时，每年秋季，皇帝都会到木兰围场巡视习武，行围狩猎，演练骑射。这就是木兰秋狝（xiǎn）。“木兰”是满语，翻译成汉语是“哨鹿”，就是捕鹿的意思。

登高、赏菊

深秋时登高望远既让人心胸开阔，又能强身健体。农历九月是菊花开放的时节，古时称为“菊月”，此时经霜的菊花傲然怒放，惹人喜爱。因此，赏菊也成了深秋时人们喜爱的一项活动。

[清] 王延格《菊谱》

进补

“补冬不如补霜降。”霜降时节，天气越来越冷，人们认为，“秋补”比“冬补”更重要。所以，煲羊肉、煲羊头、迎霜兔肉等美食，备受欢迎。在闽南等地，人们认为，霜降这天要吃鸭子补充热量和体能，相当于北方的“贴秋膘”。

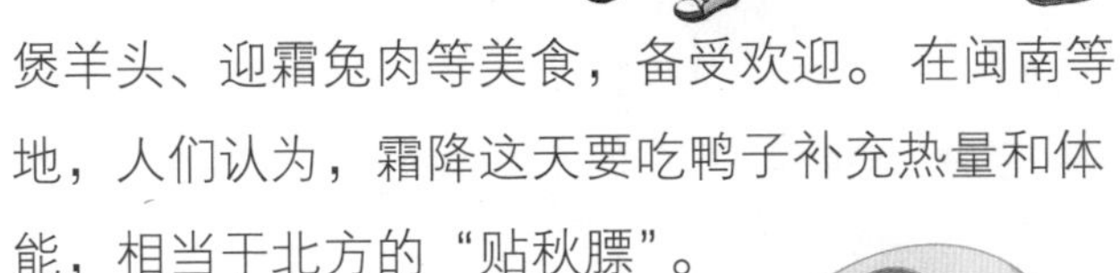

寒衣节

霜降期间的农历十月初一是寒衣节，又叫祭祖节，与清明节、中元节并称“三大鬼节”。这天，人们会祭祀逝去的亲人，除香烛、食物等一般的祭品外，还会为他们“送”去御寒衣物，叫作“送寒衣”。

送芋鬼

广东等地有“送芋鬼”的习俗。人们用瓦片堆砌成塔，在塔里放柴火，把瓦片烧红，再把塔推倒，并用烧红的瓦片烫熟芋头，叫“打芋煲”，之后把瓦片扔到村外，叫“送芋鬼”，寓意驱凶迎祥。

[清] 郎世宁《百骏图》

古诗词里的霜降

霜 月

[唐] 李商隐

初闻征雁已无蝉，百尺楼高水接天。
青女素娥俱耐冷，月中霜里斗婵娟。

谚语里的霜降

霜降无霜一冬干。

霜降无雨露水大。

秋雨透地，降霜来迟。

霜降见霜，立冬见冰。

霜降不摘柿，硬柿变软柿。

［宋］赵伯骕《关山行旅图》

甲骨文里的霜降

霜降第二候是“草木黄落”，“黄”字，在甲骨文中的“长相”是这样的：上面是箭矢的形状，中间像箭靶的靶心。古时人们常用赤褐色泥浆涂抹在靶心上面，颜色醒目，便于瞄准。也有人认为，“黄”只是代表大地的颜色。

古籍里的霜降

《月令七十二候集解》：“九月中，气肃而凝，露结为霜矣。”

大意：农历九月中旬，天地间充满肃杀之气，寒气凝聚，露水凝结成霜。

图书在版编目（CIP）数据

名画里的二十四节气．3，秋 / 文小通编著．—— 北京 ：文化发展出版社，2023.4
ISBN 978-7-5142-3977-5

Ⅰ．①名… Ⅱ．①文… Ⅲ．①二十四节气－少儿读物 Ⅳ．①P462-49

中国国家版本馆CIP数据核字(2023)第048482号

名画里的二十四节气 3 秋

编　　著：文小通

出 版 人：宋　娜　　　　责任印制：杨　骏
责任编辑：孙豆豆　刘　洋　　责任校对：岳智勇
策划编辑：鲍志娇　　　　封面设计：于沧海
出版发行：文化发展出版社（北京市翠微路2号 邮编：100036）
网　　址：www.wenhuafazhan.com
经　　销：全国新华书店
印　　刷：河北朗祥印刷有限公司

开　　本：889mm × 1194mm　1/16
字　　数：41千字
印　　张：16
版　　次：2023年5月第1版
印　　次：2023年5月第1次印刷

定　　价：196.00元（全四册）
I S B N：978-7-5142-3977-5

◆ 如有印装质量问题，请电话联系：010-68567015